全国中等职业学校电工类专业通用
全国技工院校电工类专业通用（中级技能层级）

供配电技术基本技能训练
习题册

朱照红　主编

中国劳动社会保障出版社

简介

本习题册为全国中等职业学校电工类专业通用教材 / 全国技工院校电工类专业通用教材（中级技能层级）《供配电技术基本技能训练》的配套用书。本习题册按照教材模块顺序编写，内容紧扣教学要求，知识点分布均衡，题型丰富多样，习题难易适中，有助于学生复习巩固所学知识。

本习题册由朱照红主编，王建审稿。

图书在版编目（CIP）数据

供配电技术基本技能训练习题册 / 朱照红主编 .-- 北京：中国劳动社会保障出版社，2022

ISBN 978-7-5167-5383-5

Ⅰ. ①供…　Ⅱ. ①朱…　Ⅲ. ①供电系统 - 中等专业学校 - 习题集②配电系统 - 中等专业学校 - 习题集　Ⅳ. ①TM72-44

中国版本图书馆 CIP 数据核字（2022）第 115022 号

中国劳动社会保障出版社出版发行

（北京市惠新东街 1 号　邮政编码：100029）

*

涿州市星河印刷有限公司印刷装订　　新华书店经销

787 毫米 ×1092 毫米　16 开本　3.25 印张　69 千字

2022 年 7 月第 1 版　　2025 年 11 月第 2 次印刷

定价：7.00 元

营销中心电话：400-606-6496

出版社网址：http://www.class.com.cn

http://jg.class.com.cn

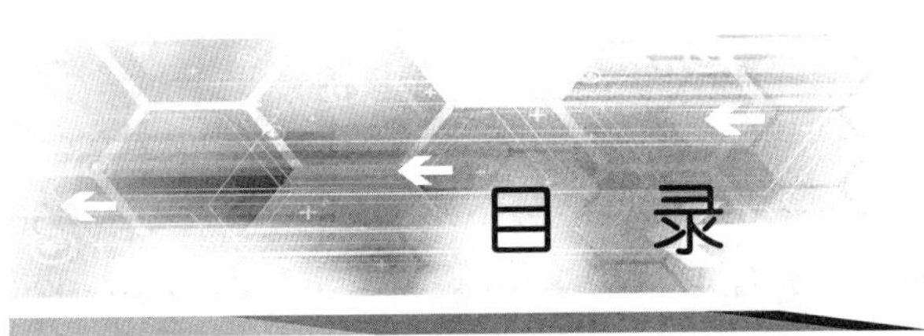

目录

模块一　基本操作技能

模块二　架空电力线路的装设

模块三　电缆施工

模块四　变配电所设备的安装

模块五　变配电所设备的操作、运行和维护

模块六　配电计量与抄表收费

模块一　基本操作技能

课题一　电力平面图的识读

一、填空题

1. 电力平面图是用来表示电动机等动力设备、配电箱的________________和供电线路____________________________的平面图。

2. 电力平面图采用________________和________________相结合的方法表示出线路的_________，导线的_________、_________、_________、_________，以及线路配线方式、用途等。

3. 为清楚表示建筑物内电力设备及其线路的配置情况，通常采用_____________图和_______________图相结合的方法。

二、选择题

1. 电力平面图中某线路标注为 BLX–3×120+1×50–KW，则其零线规格为（　　）mm^2。

A．3　　B．120

C．1　　D．50

2. 电力平面图中某线路标注为 BLX–3×120+1×50–KW，则其相线规格为（　　）mm^2。

A．3　　B．120

C．1　　D．50

3. 电力平面图中标注为 BLX–3×120+1×50–KW 的线路的敷设方式为（　　）。

A．瓷绝缘子敷设　　B．线管配线

C．塑料线卡配线　　D．钢管配线

4. 电力平面图中标注为$10\frac{Y}{3}$的电动机的类型是（　　）电动机。

A．直流　　B．笼型异步

C．绕线异步　　D．微型

5. 电力平面图中标注为$10\frac{Y}{3}$的电动机的功率是（　　）。

A．10 kW　　B．30 kW

C．30 W　　D．10 W

三、判断题

1. 通常电力平面图与照明平面图相配合，才能清楚地表示某建筑物内电力设备及其线路的配置情况。（　　）

2. 3 $\frac{Y}{4}$表示 3 台异步电动机，每台功率为 4 kW。 (　　)

四、简答题

1. 线路符号 WP2-BLX-3×4-PC20-FC 的含义是什么？

2. 电力平面图表示的主要内容包括哪些？

3. 电力平面图与电气照明平面图比较，具有哪些特点？

课题二　设备支持件的埋设

一、填空题

1. 预埋铁件是指预先埋设于________________内的带有弯钩圆钢、角钢或铁板等钢铁结构件。

2. 胀管（膨胀螺栓）固定具有________、________、________、________等特点，主要用于配电箱、各种小设备的安装固定。

3. 为了增加抗拉力，固定构件的地脚埋入部分分别制成________、________、

___________、___________等样式。

4．现浇混凝土楼板等需要安装吊扇、花灯或吊装灯具超过 3 kg 时，应________________________________，其吊挂力矩应保证承载要求和安全。

二、判断题

1．电气设备的固定支架只能通过螺栓连接固定在预埋铁件上。（　　）

2．地脚螺栓的埋设方法根据与基础混凝土施工的前后关系，分为直埋和后埋两种。直埋的缺点是预留孔洞部分混凝土浇筑后硬化收缩，容易与原混凝土之间产生裂缝。（　　）

3．用冲击钻或电锤钻出的洞眼，其孔径和深度应大于塑料胀管（或金属膨胀螺栓）的直径和长度。（　　）

4．塑料胀管(或金属膨胀螺栓)不可用于大型旋转设备的吊装。（　　）

三、简答题

简述砖墙预埋盒、箱工艺。

课题三　接地装置的制作

一、填空题

1．接地装置按接地体的多少分为__________________、__________________和__________________三种形式。

2．单极接地由一支接地体构成，接地线一端与______________连接，另一端与________________________连接。

3．安装水平接地体采用挖沟填埋法，接地体应埋入地面______m 以下的土壤中，如果是多极接地或接地网，接地体之间应相隔______m 以上的直线距离。

二、选择题

1．保护接地的接地电阻应不大于（　　）。

A．0.5 Ω　　B．4 Ω　　C．10 Ω　　D．0.5 MΩ

2．接闪杆和接闪线单独使用时的接地电阻应不大于（　　）。

A．10 Ω　　B．4 Ω　　C．0.5 Ω　　D．0.5 MΩ

3．配电变压器低压侧中性点接地电阻应为（　　）。

A．0.5 ~ 10 Ω　　B．5 ~ 10 Ω

C．0.5 ~ 1 Ω　　D．0.5 ~ 10 MΩ

4．安装垂直接地体，采用打桩法将接地体打入地下，打入地面的有效深度应不小于（　　）m。

A．0.5　　B．1　　C．2　　D．4

5．安装水平接地体，采用挖沟填埋法，接地体应埋入地面（　　）的土壤中。

A．0.6 m 以下　　B．1.6 m 以下

C．0.6 m 以上　　D．1.6 m 以上

6．接地线可用铜芯或铝芯的绝缘电线或裸线，也可选用扁钢、圆钢或镀锌铁丝绞线，截面积应不小于（　　）mm^2。

A．6　　B．1.6　　C．16　　D．26

7．配电变压器低压侧中性点的接地支线，要采用截面积不小于（　　）mm^2 的裸铜绞线。

A．1.5　　B．2.5　　C．10　　D．35

8．用扁钢或圆钢制作的接地干线需要接长时，必须采用电焊焊接。焊接处扁钢搭头长为其宽度的 2 倍，圆钢搭头长为其直径的（　　）倍。

A．2　　B．3　　C．6　　D．8

9．用接地电阻表测量接地电阻时，将一支测量接地棒插在离接地体 40 m 远的地下，另一支测量接地棒插在离接地体（　　）远的地下，两个接地棒均垂直插入地面深 400 mm 处。

A．20 mm　　B．20 m　　C．20 cm　　D．10 m

10．接地干线明设时，除连接处外，均应涂（　　）色标明。

A．红　　B．黑　　C．白　　D．黄

三、判断题

1．多极接地由两支以上的接地体构成，各接地体之间用接地干线连成一体，形成串联，从而增大接地装置的接地电阻。（　　）

2．装于地下的接地线不准采用铝导线，移动电具的接地支线必须用铜芯绝缘软线。（　　）

3．接闪杆和接闪线单独使用时，接地电阻应不大于 10 Ω。（　　）

4．安装垂直接地体时，打入地面的有效深度应不小于 0.2 m。多极接地或接地网的接地体与接地体之间在地下应保持 5 m 以上的直线距离。（　　）

四、简答题

1．接地装置主要有哪些类型？分别应用于什么场合？

2. 接地装置中对接地电阻的要求是什么？

3. 接地线的选择有哪些具体要求？

4. 同一条线路中有两台电动机，碰到其中一台的外壳会发生触电现象而另一台却没有此现象，试分析原因。

5．电气设备的哪些部位应该进行保护接地或接零？

6．什么叫自然接地体？哪些设施可作为自然接地体？

7．安装人工接地装置一般分为哪几个步骤？

8．人工接地体的规格有哪些具体要求？

9．接地装置质量检验中，关于主控项目有哪些具体规定？

10. 接地装置质量检验中，关于一般项目有哪些具体规定？

11. 怎样用接地电阻表测量接地电阻？

12．简述接地装置中定期检查和维护保养的主要内容。

13．接地装置中有哪些常见故障？应怎样排除？

14．使用接地电阻表应该注意哪些事项？

15．当接地电阻达不到要求时，应该采取哪些技术措施？

五、综合题

某车间的电力平面图如图 1–3–1 所示，看图回答下列问题。补充说明：表 1–3–1 和表 1–3–2 分别为线路敷设方式和敷设部位的文字符号。

（1）图中共几台电力配电箱，总容量是多少千瓦？

（2）分析表达式 BV–3×1.5+PE1.5–SC20–FC 的含义。

（3）计算 4 号配电箱的动力负荷。

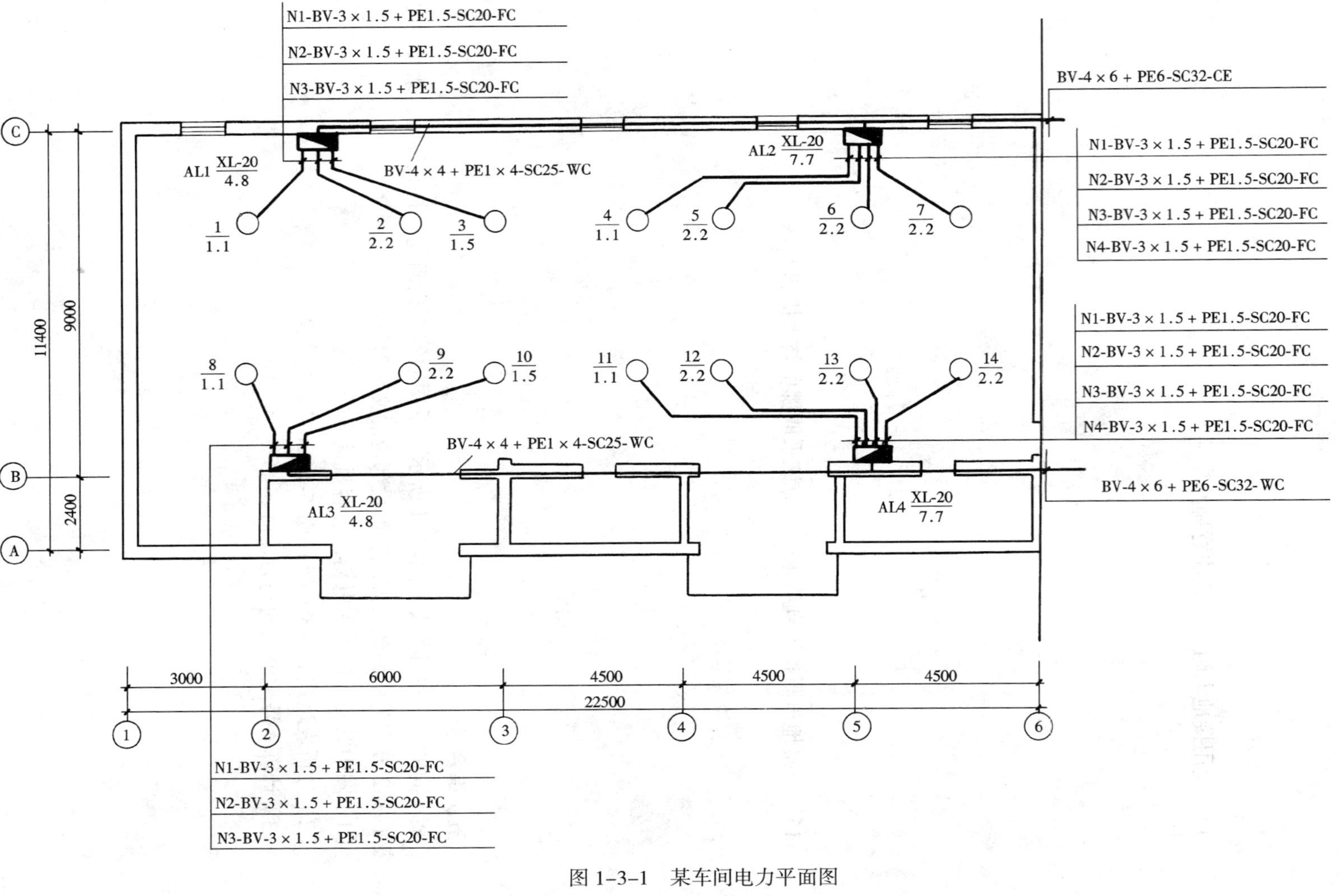

图 1-3-1　某车间电力平面图

表 1–3–1 线路敷设方式文字符号

敷设方式	新符号	旧符号	敷设方式	新符号	旧符号
穿焊接钢管敷设	SC	G	电缆桥架敷设	CT	
穿电线管敷设	MT	DG	金属线槽敷设	MR	GC
穿硬塑料管敷设	PC	VG	塑料线槽敷设	PR	XC
穿阻燃半硬聚氯乙烯管敷设	FPC	ZYG	直埋敷设	DB	
穿聚氯乙烯塑料波纹管敷设	KPC		电缆沟敷设	TC	
穿金属软管敷设	CP		混凝土排管敷设	CE	
穿扣压式薄壁钢管敷设	KBG		钢索敷设	M	

表 1–3–2 线路敷设部位文字符号

敷设方式	新符号	旧符号	敷设方式	新符号	旧符号
沿或跨梁（屋架）敷设	AB	LM	暗敷设在墙内	WC	QA
暗敷设在梁内	BC	LA	沿顶棚或顶板面敷设	CE	PM
沿或跨柱敷设	AC	ZM	暗敷设在屋面或顶板内	CC	PA
暗敷设在柱内	CLC	ZA	吊顶内敷设	SCE	
沿墙面敷设	WS	QM	地板或地面下敷设	FC	DA

模块二　架空电力线路的装设

课题一　架空电力线路基本构件选用与检验

一、填空题

1. 在电力系统中，室外线路的作用是把________输送到每个供电和用电环节。

2. 架空电力线路主要由________、________、________、________、________、____________等构成。

3. 电杆是架空电力线路的承载体，按材质可分为__________、______________、________、________三种。

4. 钢筋混凝土电杆多为环形电杆，分为环形__________________电杆和环形__________________电杆两种。

5. 金具是架空电力线路中以黑色金属制造的附件和紧固件，主要包括________、________、__________、__________、__________等结构件。

6. 绝缘子是用来支持________并使其绝缘的器件。

7. 架空电力线路绝缘子按其使用电压，可分为________________绝缘子和________绝缘子。按结构用途，可分为____________________________绝缘子、__________________________绝缘子和__________________绝缘子。

8. 常用的低压线路绝缘子有______________绝缘子、____________绝缘子、____________绝缘子等类型。

9. 架空电力线路常用的裸导线有__________、__________和__________等种类。

二、选择题

1. 目前我国在 35 kV 以上高压架空输电线路上应用的电杆主要是（　　）。

A．木电杆　　B．钢筋混凝土电杆

C．铁塔　　D．以上三种都有

2. 在 6 ~ 35 kV 高压架空输配电线路中使用最广泛的绝缘子是（　　）绝缘子。

A．瓷横担　　B．柱式　　C．蝶式　　D．针式

三、判断题

1. 木电杆运输和施工方便，价格便宜，绝缘性能较好，是目前我国城乡 35 kV 及以下架空电力线路中应用最广泛的一种。（　　）

2. 金具是以黑色金属制造的附件和紧固件，为了延长使用寿命，应采用热浸镀锌制品。（　　）

3．在架空电力线路施工中，为保证安装质量，为安全运行提供良好的条件，各种连接螺栓应有防松装置。（ ）

4．架空电力线路使用的金具均为标准件。（ ）

5．架空电力线路采用的导线一般为裸导线。裸导线是只有导体而不带绝缘保护层的导电线材。（ ）

6．低压线路混凝土电杆，全部是用机械化成批生产的拔梢杆。（ ）

7．配电线路用的钢筋混凝土电杆，要求采用定型产品，电杆的构造应符合国家标准。（ ）

8．10 kV 及以下架空电力线路使用的金属附件及螺栓全部是按国家标准生产的标准件。（ ）

9．高压线路瓷横担绝缘子是一种同时起到横担和绝缘作用的空心绝缘子。（ ）

10．高压线路瓷横担绝缘子用于高压架空输配电线路的绝缘和导线的支撑，可以代替目前大量使用的针式、悬式绝缘子，并省去电杆横担。（ ）

四、简答题

1．钢筋混凝土电杆是目前我国城乡 35 kV 及以下架空电力线路中应用最广泛的一种电杆，试简述其特点。

2．架空电力线路使用的金具，在安装前应进行哪些检查？

3．高压线路瓷横担绝缘子有哪些优点？

4．简述常用导线的种类。

课题二　电杆的安装

一、填空题

1．电杆是用来支持架空电线的，按其在电力线路中的作用可分为________、________、________、________、________、________六种。

2．电杆定位的方法一般有____________、____________和____________三种方法。

3．电杆竖立一般有____________、____________、__________等几种方法。

二、选择题

1．在架空电力线路中，应用最广泛的电杆是（　　）。

A．直线杆　　B．转角杆　　C．终端杆　　D．耐张杆

2．用于线路转角处，能承受两侧导线合力的电杆是（　　）。

A．直线杆　　B．转角杆　　C．终端杆　　D．耐张杆

3．用于线路分接支线时的支持点的电杆是（　　）。

A．分支杆　　B．直线杆　　C．终端杆　　D．转角杆

三、判断题

1．终端杆一般用于线路的始端和末端，能承受来自导线一侧的拉力。（　　）

2．耐张杆广泛用于输电线路中，占全部电杆总数的80%以上，能承受导线及附着物的质量和来自侧面的风力。（　　）

3．电杆档距选择得越大，电杆的数量就越少，故应尽可能增大电杆档距。（　　）

四、简答题

1．在架空电力线路中耐张杆有哪些优点？

2. 怎样确定架空电力线路中电杆的杆位？

3. 挖电杆坑时应怎样确定杆坑的形状？

4. 挖电杆坑有哪些方法？

课题三 拉线的制作及安装

一、填空题

1. 电杆拉线有________、________、________、________、________、________等形式。

2. 由于电杆距离道路太近，不能就地安装拉线或需要跨越其他障碍时采用________拉线。

3．架空电力线路转角在 45° 及以下时，在转角杆处仅允许装设________拉线；架空电力线路转角在 45° 以上时，应装设____________拉线；耐张杆装设拉线时，如果电杆两侧导线截面相差较大，应装________拉线。

4．固定底把的方法有缠绕法、___________________和___________________等。

二、选择题

1．拉线与电杆的夹角适宜取（　　），如果受地形限制可适当减小，但不应小于（　　）。

A．30°　15°　　B．45°　30°　　C．60°　45°　　D．75°　60°

2．过道拉线在跨越道路时，与行车路面中心的垂直距离不应小于（　　）m。

A．4.5　　B．6　　C．9　　D．5

3．Y 形拉线的拉线盘埋设深度不宜小于（　　）m。

A．2　　B．3　　C．1.2　　D．5

4．撑杆与主杆之间的夹角宜取（　　）。

A．30°　　B．45°　　C．60°　　D．75°

三、判断题

1．为了保证架空电力线路安全，直线杆也需要安装拉线。（　　）

2．为了保证线杆稳固，耐张杆一般需要四面拉线或顺线路方向“人”字拉线。（　　）

3．分支杆应按照分支线路的对应反力方向安装拉线。（　　）

4．由于受地形的限制不能为电杆装设拉线时，可用撑（顶）杆代替。（　　）

四、简答题

1．在架空电力线路中，拉线的目的是什么？

2．电杆的拉线有哪些类型？

课题四 登杆与横担及绝缘子的安装

一、填空题

1. 横担按材料划分有____________、____________、____________三种。

2. 架空电力输配电线路中 15° 以下的转角杆和直线杆宜采用________横担；15° ~ 45° 的转角杆宜采用________横担；45° 以上的转角杆宜采用________横担。

3. 在安装绝缘子时，应清除表面灰土、附着物及不应有的涂料，还应根据要求进行________________和________________。

4. 低压架空电力线路耐张杆、分支杆及终端杆应采用低压线路________绝缘子。

5. 绝缘子的组装方式应防止________________。

二、简答题

1. 安装横担应该注意哪些事项？

2. 架空电力线路导线为什么要采用三角排列？

课题五　线路的架设与验收

一、填空题

1．架线由__________、__________和__________三个工序组成，这三个工序同时进行。

2．导线架设上杆后应通过________________来调整导线的弧垂。

3．在针式及蝶式绝缘子上固定导线时，通常有____________和____________两种缠绕方法。

4．导线上杆后，一端线头绑扎在____________上，另一端线头夹在____________上。

二、判断题

1．进行放线操作时需按线轴或导线盘缠的方向进行，防止导线扭曲。（　　）

2．在绝缘子上绑扎导线一般采用与导线规格相同的单股裸导线作为绑扎线。（　　）

三、简答题

1．架空电力线路的竣工测试项目有哪些？

2．放线时要注意哪些事项？

四、综合题

在图 2–5–1 中画出电杆的拉线并填写各部分名称。

图 2–5–1 电杆

模块三　电 缆 施 工

课题一　电缆施工基本技能

一、填空题

1．电缆的基本结构一般包括____________、____________和____________三个主要部分。

2．电缆导电线芯的作用是传输电流，具有较高的导电性、一定的抗拉强度和伸长率等，通常由______或______的多股绞线制成。

3．电缆的绝缘材料主要有____________、____________、____________、____________、____________等。

4．为使电缆适应各种使用环境要求，应在绝缘层外面施加____________。

5．电缆保护层的主要作用是保护电缆在敷设和运行过程中，免遭____________和____________的破坏。

6．选择电缆时，一般按电缆长期允许____________和允许____________来确定电缆的截面积。

7．应根据____________、____________、____________和____________等因素来确定电缆型号，以保证电缆的使用寿命。

8．在规模较大的重要公共建筑中，宜采用______芯电缆。

9．敷设在管内或排管内的电缆，宜采用____________电缆。

二、选择题

1．纸绝缘电缆的金属护层（铅或铝）的主要作用是（　　）。

A．防尘　　B．防水　　C．防机械损伤　　D．防腐蚀

2．油浸纸绝缘三芯铅包电缆允许的最小弯曲半径是（　　）倍的电缆外径。

A．5　　B．10　　C．15　　D．20

3．电缆直埋敷设时，与地下热力管道的平行距离应不小于（　　）m。

A．0.5　　B．1　　C．1.5　　D．2

4．下列电缆绝缘材料中，最怕水和潮气的是（　　）绝缘材料。

A．油浸纸　　B．聚氯乙烯　　C．聚乙烯　　D．交联聚氯乙烯

5．在当前电力电缆中应用最广泛的绝缘材料是（　　）。

A．油浸纸　　B．聚氯乙烯　　C．聚乙烯　　D．交联聚乙烯

6．敷设电缆线路的基本要求是（　　）。

A．满足供配电及控制的需要　　　　B．运行安全，便于维修

C．线路走向经济合理　　　　　　　D．以上都是

7．电缆引出地面时，露出地面上（　　）m 长的一段应穿钢管保护。

A．1　　　　B．1.4　　　　C．2　　　　D．2.5

三、判断题

1．电缆绝缘层的作用是将导电线芯与相邻导体以及保护层隔离。（　　）

2．在电缆敷设、安装过程中，以及在电缆线路的转弯处，为防止因弯曲过度而损伤电缆，电缆的弯曲半径不能超过电缆允许的最小弯曲半径。（　　）

3．为避免电缆出现故障时危及人身安全，电缆沟内的角钢支架应可靠地接地，当电缆线路较长时，还应设置多点接地。（　　）

4．电缆绝缘层的作用是将导电线芯与相邻导体以及保护层隔离，用来抵抗电力电流、电压、电场对外界的影响，保证电流沿线芯方向传输。（　　）

5．电缆一般用重型护层，主要有金属护层、橡塑护层、组合护层三类。（　　）

6．在一般环境和场所内宜采用铜芯电缆；在振动剧烈和有特殊要求的场所，应采用铝芯电缆。（　　）

7．敷设在管内或排管内的电缆，不宜采用塑料护套电缆。（　　）

8．三相四线制系统中应采用四芯电力电缆，不应采用三芯电缆另加一根单芯电缆或以导线、电缆金属护套做中性线。（　　）

9．电缆敷设前应核对电缆的型号、规格是否与设计相符，并检查有无有效的试验合格证，如无有效合格证应做必要的试验，合格后方可使用。（　　）

10．电缆敷设前应进行外观检查，检查电缆有无损伤和两端的封铅状况。对油浸纸绝缘电缆，如怀疑受潮，可进行潮气检验。（　　）

11．对油浸纸绝缘电缆进行潮气检验时，必须用在油中浸过的尖嘴钳头去夹绝缘纸，避免人手或其他物品接触过的绝缘纸浸入热油中而发生错误判断。（　　）

12．当电缆与地下其他管线交叉不能保持 0.5 m 的距离时，电缆应穿入保护管中进行保护。（　　）

13．电缆沟敷设就是把电缆敷设在电缆沟内的支架上，然后做填埋处理。（　　）

14．采用电缆沟敷设时，每根电缆之间要保持一定的间距，一般水平距离不小于 10 mm。（　　）

15．电缆沟盖板的材料一般选用钢板。（　　）

16．电缆铠装层主要是用来减少电磁力对电缆的影响。（　　）

四、简答题

1．怎样选择埋地敷设的电缆？

2. 电缆敷设前应进行哪些检查?

3. 怎样检查油浸纸绝缘电缆是否受潮?

4. 电缆线路竣工后的参数试验有哪些?

课题二 电缆直埋敷设

一、填空题

1. 在电缆稀少的地区和土壤中不含有腐蚀电缆铠装及封包的物质时，宜采用________________敷设法。

2. 采用电缆直埋敷设法时，挖沟深度一般为________m，如遇特殊情况则应适当加深。

3. 采用电缆直埋敷设法时，挖沟工作结束后，在沟底铺一层________mm厚的细砂或松土作为电缆沟的下垫层。

4. 直埋在地下的电缆应使用________电缆。

二、判断题

1. 当需要敷设的电缆根数较多，且敷设距离较短时应采用直埋敷设。 (　　)

2. 电缆直埋敷设时应尽可能避免与热力管道平行敷设。不能避免时，两者之间的平行距离应不小于0.5 m。 (　　)

3. 进行人工放电缆时应遵循电缆的允许弯曲半径，不能因施工将电缆损坏。 (　　)

4. 电缆直埋敷设法投资较少而速度较快，是电缆敷设方法中应用最广泛的一种。 (　　)

5. 电缆直埋敷设法具有占地面积小，造价较低，检修、更换电缆比电缆沟敷设法方便等优点。 (　　)

三、简答题

1. 简述电缆直埋敷设的工艺流程。

2. 电缆直埋敷设时有哪些注意事项？

课题三　电缆桥架敷设

一、填空题

1. 根据安装位置不同，电缆桥架安装方式可分为__________、__________、__________三种。

2. 电缆桥架吊装根据安装空间条件、高度限制、重量要求和电缆种类不同采用不同的吊装形式，常见的有__________、__________、__________和__________四种形式。

3. 常见的电缆桥架落地安装方式有__________、__________和__________三种形式。

4. 电缆桥架沿墙壁安装有__________、__________、__________和__________四种形式。

5. 安装托臂时，托臂在同一平面上的高度偏差不大于______mm，并与立柱__________。

二、简答题

1. 简述电缆桥架安装的工艺流程。

2. 电缆桥架安装时有哪些注意事项？

课题四 电缆头的制作

一、填空题

1．连接电缆时，接头线芯的接触电阻不应超过同长度导体电阻的________倍，其抗拉强度不应小于电缆芯线强度的________。

2．常用电缆中间接头的制作方法有____________________、________________________和____________________，近年又出现了______________中间接头。

二、判断题

1．制作电缆终端头主要是为了方便接线，以及防止电缆在空气中受到各种气体的腐蚀。（ ）

2．制作热收缩型终端头时，可用煤油喷灯作为热源。（ ）

三、简答题

1．电缆的连接要满足哪些要求？

2．制作电缆中间接头和终端头时应注意哪些事项？

课题五　电缆故障修理

一、填空题

1．电缆的线路故障包括____________________和____________________。

2．电缆的绝缘故障包括______________________、______________________和______________________。

3．对电缆绝缘电阻的测试，应测量________________和________的绝缘电阻，其阻值不得低于规定值。

二、判断题

1．电缆发生故障后，一般先用 1 500 V 以上的绝缘电阻表判别故障类型，再用专门仪器和方法测定故障。（　　）

2．用绝缘电阻表测量三相电缆各相间的绝缘电阻，可判断有无相间短路。（　　）

三、简答题

1．电缆受到机械损伤的原因是什么？

2．电缆出现绝缘受潮的原因是什么？

3．使用电缆探伤仪时应该注意哪些事项？

模块四　变配电所设备的安装

课题一　变配电所电气设备接线图的识读

一、填空题

1．变配电所中直接与________________和________________有关的设备、装置和元器件称为一次侧设备。

2．对一次侧电气设备进行________、________、________、________和起________作用的设备称为二次侧设备。

3．二次电气图的表达形式一般有两种：二次电路图和二次接线图。二次电路图用于阐述____________________________，二次接线图用于描述电气设备的____________________。

4．集中式二次电路图也叫整体式原理图，用以表达二次回路的________________、________________和________________。

5．屏背面接线图又称盘后接线图，它以____________________、____________________与________________________为依据，是屏内配线、接线和查线的主要参考图。

二、选择题

1．下列不属于一次侧设备的是（　　）。

A．熔断器　　B．断路器　　C．负荷开关　　D．电动机

2．下列关于集中式二次电路图的说法，错误的是（　　）。

A．集中式二次电路图是以元器件为中心绘制的电气图，图中元器件都以集中形式表示

B．控制电源只标出“+”“−”极性，没有具体表示从何引来；信号部分也只标出信号，没有画出具体接线

C．所有电器的触点均以原始状态绘出，即电器均处于不带电、不激励、不工作状态

D．为了区别一次线路和二次线路，一般一次线路用细实线表示，二次线路用粗实线表示，使图面更加清晰、具体

3．下列关于分开式二次电路图的说法，错误的是（　　）。

A．分开式二次电路图是以回路为中心，同一个电器的各个元器件必须绘制在同一个回路中

B．同一个电器的各个元器件应标注同一个文字符号，对于同一个电器的各个

触点可用数字来区分

C．分开式二次电路图可按不同的功能、作用、电压高低等划分为各个独立回路，并在每个回路的右侧注有简单的文字说明

D．线路可按动作顺序，从上到下、从左到右平行排列

三、判断题

1．为了保证变、配电设备在雷雨季节安全运行，通常在二次低压侧装有阀形接闪器。（　　）

2．屏面布置图用于表示二次设备在屏面上具体位置的详细安装尺寸，是加工厂用来装配屏面设备的依据。（　　）

3．端子排是屏内各安装设备之间连接的转换回路。（　　）

四、简答题

1．简述单回路供电和双回路供电的特点。

2．二次接线图有何作用？常用的二次接线图有哪些？

课题二 变配电所设备的安装

一、填空题

1．试验测定的变压器绕组连同套管的绝缘电阻不得低于出厂试验值的________，通常 20 ℃时 10 kV 绕组连同套管的绝缘电阻不小于________MΩ，1 kV 以下绕组的绝缘电阻不小于 50 MΩ。

2．用塞尺检查隔离开关可动刀片与触点接触情况时，在接触表面宽度为 50 mm 及以下时，塞入深度应不超过________ mm；在接触表面宽度为 60 mm 及以上时，塞入深度应不超过________ mm。

3．隔离开关的整定项目包括________、________、________、________和________。

4．检查刀开关与静触点的接触电阻时，要求额定电流为 600 A 的高压隔离开关的接触电阻为________μΩ，1 000 A 的为________μΩ，2 000 A 的为 40 ~ 50 μΩ。

5．隔离开关操作机构手柄的位置应正确，合闸时手柄向________，分闸时手柄向________。合闸与分闸操作完毕，其弹性机械销应自动地进入________________。

6．断路器安装完毕，应检查各相中心距尺寸是否符合要求：固定式应为________mm；小车式应为________mm；带电部分与金属接地之间最小间隙不小于 100 mm。

二、选择题

1．高压隔离开关主要用作（ ）。

A．安全隔离　B．过载保护　C．短路保护　D．速断保护

2．测量绝缘电阻和吸收比不能（ ）。

A．发现未贯通的集中性缺陷、整体老化及游离缺陷

B．判断变压器绝缘性能

C．发现放电、击穿痕迹所形成的贯通性局部缺陷

D．发现瓷套管开裂、引线碰地、器身内有铜线搭桥等现象所造成的半通性或金属性短路缺陷

3．检查刀片同步性，要求合闸时三相刀片应同时投入，35 kV 以下的隔离开关，各相前后相差不得大于（ ）mm。

A．0.3　B．3　C．13　D．30

4．隔离开关合闸信号触点（动合触点）应在开关合闸行程（ ）时闭合，分闸信号触点（动断触点）应在开关分闸行程 75% 时闭合。

A．10% ~ 30%　B．30% ~ 60%

C．60% ~ 90%　D．80% ~ 90%

5．断路器装顶罩时，V 相顶罩排气孔的方向与引出线方向相反，U、W 两相顶罩的排气孔向两侧分开，与 V 相的排气孔方向相差（　　）。

A．15°　　B．30°　　C．45°　　D．60°

6．对 SN10–10I/630–1000 型断路器，隔弧片上端面至绝缘筒上端面的距离应为（　　）mm。

A．135 ± 0.5　　B．153 ± 0.5　　C．63 ± 0.5　　D．135 ~ 153

7．用电动操作使断路器合闸，对 SN10–10I/630–1000 型断路器，导电杆上端面至上引出线上端面的距离应为（　　）mm。

A．130 ± 1.5　　B．120 ± 1.5　　C．136　　D．120 ~ 136

三、判断题

1．绝缘电阻表试验时，将绝缘电阻表水平放置，断开绝缘电阻表的“E”和“L”端子，以 120 r/min 的速度摇动绝缘电阻表手柄，指针指向“∞”为不正常。（　　）

2．在温度为 10 ~ 30 ℃时，3.5 kV 及以下变压器的吸收比应不小于 1.3。（　　）

3．导电体接触部分表面的润滑用中性的凡士林油。（　　）

4．对 SN10–10I/630–1000 型断路器，刚合、刚分点为离合闸位置 42 mm 处，刚合速度不小于 3.5 m/s。（　　）

5．调整断路器不同极性时，要求三相分闸不同极性间高度差不大于 0.2 mm。（　　）

6．隔离开关的底座和操作机构的外壳应安装接地螺栓。安装时，应将接地线的一端接在接地螺栓上；另一端与接地网接通，使其妥善接地。（　　）

四、简答题

1．变压器吊芯检查前要做好哪些准备工作？

2. 简述变压器吊芯检查的基本过程。

3. 测试变压器绝缘电阻时，应如何选用绝缘电阻表的规格？

4. 简述隔离开关的安装步骤。

5．断路器安装完毕后的检查项目有哪些？

6．少油断路器调整的项目有哪些？

课题三　低压配电柜和动力配电箱的安装和配线

一、填空题

1．配电柜小母线采用绝缘导线时，合闸回路用截面积为__________mm^2 的多股导线，其他回路用截面积为__________mm^2 的导线。

2．仪表箱过门线二次线束在敷设时穿__________________管，规格有 ϕ 12 mm、ϕ 18 mm、ϕ 25 mm、ϕ 35 mm。

3．不带接地开关的电压传感器标签贴至其相应的___________或___________上。

4．电流互感器在工作中，二次侧不允许________。接线时，对于未被使用的二次绕组输出端要短接。

二、判断题

1. 电流互感器的准确度等级分为 0.2、0.5、1、3 和 10 级，B 为保护级。（　　）

2. 手车柜采用 MD1、220 V、15 W 照明灯，固定式开关柜及 JYN1-35、GBC-35 开关柜等采用 E27、250 W 照明灯。（　　）

三、简答题

1．配电柜贴标签有哪些具体要求？

2．简述配电柜布线的工艺要求。

四、综合题

图 4–3–1 所示为某变配电所主接线图，试完成分析。

1. 图中所示配电所高压 10 kV 电源分__________ 路引入，分别为__________。高压进线柜为 GG–1A（F）–11 型，高压主母线为 LMY–3（40×4）。高压隔离开关 GN6–10/400 作________________开关。

2. 电压互感器柜为 GG–1A（F）–54 型，6 台高压馈电柜为 GG–1A（F）–03 型，引出 6 路高压干线分别送至高压电容器室，1、2、3 号变电所，高压电动机组。变压器将________高压变为________低压。

3. 低压进线柜为 AL201 号（PGL2–05A 型）和 AL207 号（PGL2–04A 型），并由它们送至低压主母线______________________________，两路低压电源可分段或联络运行。由低压馈线柜 AL202 号（PGL2–40 型）引出______路低压照明线；AL203 号（PGL2–35A 型）、AL205 号（PGL2–35B 型）、AL206 号（PGL2–34A 型）柜分别引出______路低压动力线；________________________柜引出 2 路低压动力线。

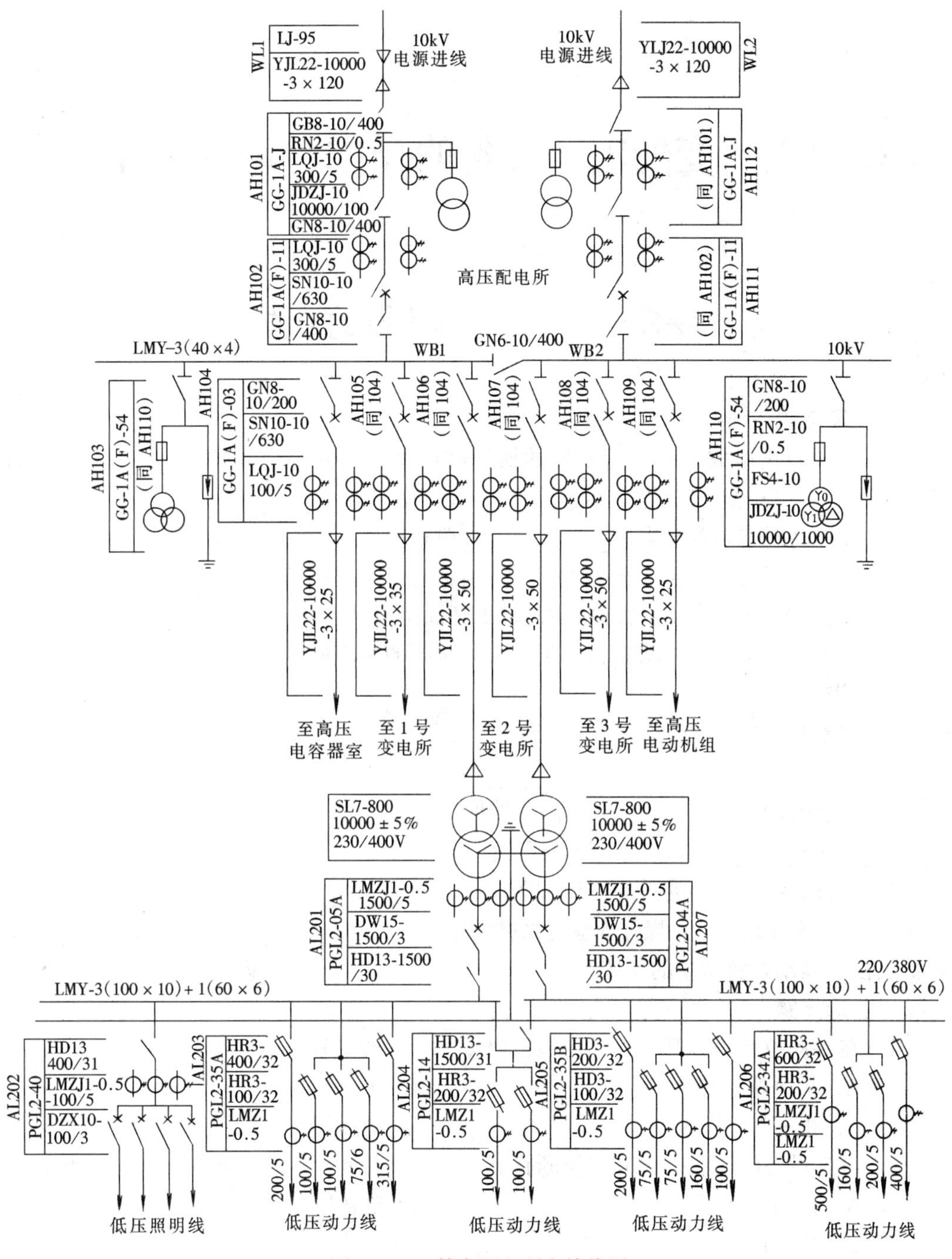

图 4-3-1 某变配电所主接线图

模块五　变配电所设备的操作、运行和维护

课题一　变配电所设备的操作

一、填空题

1．为了防止事故，高压熔断器的操作顺序为：拉开时应先拉____________，后拉____________；合上时应先合____________，后合____________。

2．操作高压熔断器多采用____________单相操作。

3．当断路器合上，控制开关返回后，合闸电流的指示应返回到________；否则，应断开合闸电源，以防止因合闸接触器打不开而烧毁__________________________。

4．使电气设备从一种状态转换到另一种状态的过程叫__________，所进行的操作叫倒闸操作。

5．变配电所的电气设备有四种状态：____________________、____________________、____________________和____________________。

6. 倒闸操作每进行一项操作，都应按照__________—__________—__________—__________—__________这五个步骤进行。

7．审核后在操作票的最后一行加盖_____________________章。

8．到达操作现场后，操作人应先站准位置，核对__________________和__________，监护人核对操作人所站立的位置、___________________________及__________。

二、选择题

1．在手动拉开隔离开关时，应该按照（　　）的过程进行。

A．慢—快—慢　　B．快—慢—快
C．慢—快　　D．快—慢

2．电气设备的所有隔离开关及断路器均在断开位置时的状态称为（　　）状态。

A．运行　　B．热备用
C．冷备用　　D．检修

3．对于有计划的复杂操作和大型操作应在操作（　　）下达操作命令，以便操作人员提前做好准备。

A．前一天　　B．前一周　　C．前一月　　D．当天

4．每一步操作完毕后，应由（　　）在操作票上打一个“√”。

A．操作人员　　B．电气工程师　　C．值班员　　D．监护人员

5．操作结束后，应检查所有操作步骤是否完全执行，然后由监护人员在操作票上

填写操作结束时间，并向（　　）汇报。

A．主管部门　　B．值班长　　C．工程部　　D．总经理

三、判断题

1．在手动合隔离开关时如发生弧光或误合，应将隔离开关迅速拉开。（　　）

2．负荷开关只能断开和关合一定的负荷电流，一般不允许在短路的情况下操作。（　　）

3．热备用状态是指电气设备的隔离开关在合闸位置，只有断路器在断开位置。（　　）

4．倒闸操作必须由两人同时进行，通常由技术水平较高、经验丰富的电气工程师担任监护，另一人担任操作。（　　）

5．操作时必须按操作票的顺序执行，不得跳项和漏项，也不准擅自更改操作票的内容及操作顺序。每操作一项，做一个记号“√”。（　　）

6．填写操作票的顺序不可颠倒，字迹要清楚，用铅笔填写，以方便改错。（　　）

7．审查操作票时发现错误应由监护人员重新填写。（　　）

8．严禁凭记忆不看操作票唱票，严禁看铭牌唱票。（　　）

9．在两人一致认为无误后，操作人员即可进行操作，并记录操作开始的时间。（　　）

四、简答题

1．工厂变配电所常采用哪两种值班制度，各有何特点？

2. 变配电所的值班职责主要是什么?

3. 在手动拉开隔离开关时，刚开始应慢的目的是什么?

4. 倒闸操作的主要内容包括哪些?

课题二 变配电所设备的巡视和故障分析处理

一、填空题

1．变压器、调相变压器、电抗器每______检查一次。内冷泵、外冷泵、油泵水箱每______检查一次。

2．高峰负荷期间应重点检查__________________等回路的负荷是否超过额定值，检查过负荷设备有无过热现象。

3．发生事故后，应及时向__________________报告，听从上级直属部门的命令，及时进行处理。对解救触电人员、扑灭火灾、挽救危急设备的情况，值班人员有权先__________后__________。

二、判断题

1．断路器常规巡视时，液压操作机构应无渗漏油现象，压力应正常，1 天内正常启动不超过 5 次，限位断路器位置正确。（ ）

2．变配电所发生的事故可能与设计、安装、检修和运行中存在的问题有关。（ ）

三、简答题

1．电力变压器正常巡视的主要内容包括哪些？

2．简述断路器故障巡视的主要内容。

3. 简述隔离开关巡视的主要内容。

4. 简述电压互感器巡视的主要内容。

5. 简述电流互感器巡视的主要内容。

四、综合题

根据如图 5-2-1 所示的线路送电操作接线模拟电力线路送电操作，填写完整线路送电操作票，见表 5-2-1。

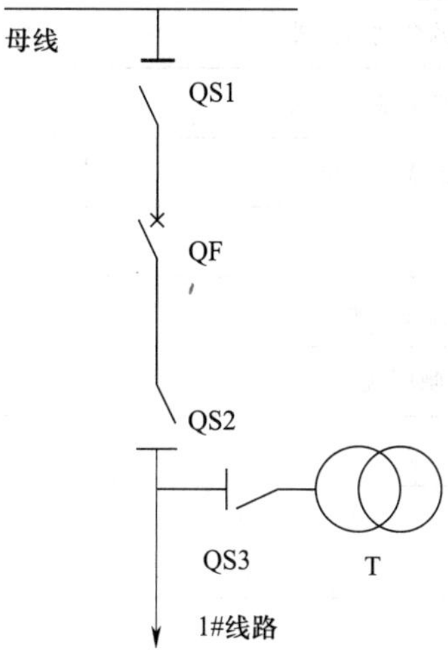

图 5-2-1 线路送电操作接线

表 5-2-1 **线路送电操作票**

单位__________ 编号__________

发令人		受令人		发令时间： 年 月 日 时 分
操作开始时间： 年 月 日 时 分				操作结束时间： 年 月 日 时 分
承上页 号				接下页 号
操作任务： 1# 线路送电				

顺序	操作项目	√
1	收回 1# 线路的检修工作票	
2	拆除 1# 线路出线侧隔离开关 QS2 外侧的 × 号接地线	
3	拆除 1# 线路母线侧隔离开关 QS1 与断路器之间的 × 号接地线	
4	检查 1# 停电线路的断路器确在断开位置	
5		
6	检查 1# 停电线路母线侧隔离开关 QS1 应在合闸位置	
7		
8	检查 1# 停电线路出线侧隔离开关 QS2 应在合闸位置	
9	合上 1# 线路的电压互感器的隔离开关 QS3	

续表

顺序	操作项目	√
10	检查 1# 线路的电压互感器的隔离开关 QS3 应在合闸位置	
11	放好 1# 线路的断路器 QF 的合闸熔断器	
12	放好 1# 线路的电压互感器二次侧的熔断器	
13	放好 1# 线路的断路器 QF 的操作熔断器	
14		
15	检查 1# 线路的断路器 QF 确在合闸位置	
16	投入 1# 线路的有关联锁跳闸压板	

备注：

操作人：××× 监护人：×××

模块六　配电计量与抄表收费

课题一　电 能 计 量

一、填空题

1．电能计量装置包括各种类型的____________，计量用________________、____________互感器及其___________________，________________________等。

2．电能表是专门用来测量________________________的一种仪表。常见的单相电能表有______________电能表和______________电能表两种。

3．感应式电能表的测量机构由____________________、____________________、____________________、____________________和计数器组成。辅助部件包括基架、底座、表盖、端钮盒及铭牌。

4．电子式电能表也称静止式电能表，它是把单相或三相交流功率转换成______________________的仪表。电子式电能表有较好的线性度，具有____________、____、____________________等优点。

5．计量装置的配置主要包括______________的确定、______________的选择、______________的选择三方面的内容。

6．多路进线的用户，计量点设在用户变电所的__________________________处。

7．低压用户和居民用户的计量点应设置在________________附近的适当位置。

8．为了合理计量电压互感器损耗，高压计量装置的电压互感器应装设在______________________________________。

9．选择电能表的依据是______________、____________和____________________。

10．选择互感器的依据是_______________、_______________、_______________、_______________和功率因数。

11．营业中电流互感器二次侧的额定电流通常为________，电压互感器二次侧的额定电压通常为________。

二、选择题

1．380 V~10 kV 电能计量装置为（　　）类电能计量装置。

A．Ⅱ　　B．Ⅲ　　C．Ⅳ　　D．Ⅴ

2．220 V 单相电能计量装置为（　　）类电能计量装置。

A．Ⅱ　　B．Ⅲ　　C．Ⅳ　　D．Ⅴ

3．利用固定交流磁场与由该磁场在可动部分的导体中所感应的电流之间的作用力而工作的仪表，称为（　　）仪表。

A．电子式　　B．感应式

C．电动式　　D．电磁式

4．电压互感器的一次侧额定电压 U_N 应（　　）。

A．大于等于接入的被测电压 U_I 的 0.9 倍，且小于等于被测电压 U_I 的 1.1 倍，即 $0.9U_I \leqslant U_N \leqslant 1.1U_I$。

B．大于接入的被测电压 U_I 的 0.9 倍

C．小于被测电压 U_I 的 1.1 倍

D．等于被测电压 U_I 的 2 ~ 3 倍

5．为确保计量的准确性，一般要求测量用电流、电压互感器的二次负荷 S_2 必须在额定二次负荷 S_N 的（　　）范围内。

A．15% ~ 25%　　B．25% ~ 100%

C．50% ~ 100%　　D．25% ~ 75%

6．计量用电流互感器额定二次负荷的功率因数为（　　）。

A．0.6 ~ 0.8　　B．0.6 ~ 1.0

C．0.8 ~ 1.0　　D．0.8 ~ 0.9

三、判断题

1．一般情况下，一个计量点只装设一套电能计量装置。（　　）

2．当采用整体式计量柜时，若屋内配电装置为成套开关柜，则计量柜宜布置在第一柜。（　　）

3．若配电间不设进线断路器，而采用屋外跌落式熔断器，则计量柜宜布置在第二柜。（　　）

4．按规程要求，Ⅱ类电能计量装置应配置 0.2S 级的电流互感器。（　　）

四、简答题

1．怎样根据供电特征选择电能表?

2．怎样根据执行电价情况选择电能表？

课题二　抄 表 收 费

一、填空题

1．我国目前的电价制度主要有____________、____________、____________、____________等几种。

2．两部电价制度就是将电价分为固定费用部分与变动费用部分两个基本组成部分。固定费用部分是代表电力工业企业成本中的____________的部分，称为基本电价；变动费用部分是代表电力工业企业成本中的____________的部分，称为电度电价。两部分电费分别计算后的电费总和即为客户应付的____________。

3．定量收费实行的前提是认为用户总的____________与____________都是固定的。

4．我国的销售电价对不同用电户性质规定了不同的电价标准，大致可分为六大类：____________、____________、____________、____________、____________、____________。

5．更新抄表卡后，除应保证基本档案及计量档案的正确性外，还应抄录该客户的____________，包括电能表上期____________、____________、

________等内容，以保证数据的连续性。

6．实际工作中的抄表方法有________、________、________三种。

7．电费计算就是根据客户的结算电量，参照国家规定的________及国家权限部门核准的________，完成客户应收电费计算的整个过程。

8．抄见电量是指在______周期内，供电企业在客户处安装的________实际记录的用电量。

9．损耗电量是指因电能计量装置未能装设在产权分界处，按规定应增加（或减少）的除________以外的部分额外电量。

10．《供电营业规则》第七十四条规定：用电计量装置原则上应装在供电设施的________处。如________处不适宜装表的，对专线供电的高压用户，可在________装表计量；对公用线路供电的高压用户，可在________计量。

11．由于变压器一次、二次绕组都有一定的电阻，当电流流过时，也将会产生一定的______和______损耗，这就是铜损。它包括______铜损和______铜损两部分。

12．变压器是根据________原理工作的。当一次侧加有交变电压时，铁芯中将会产生交变磁通，同时产生______与______损耗，这就是铁损。它包括______铁损和______铁损两部分。

13．目前，在我国电力企业向客户收取的电费应包括________、________、________和________。

14．目前国家批准的"价外加价"电费主要包括：________，0.015 元 /（kW · h）；________，0.02 元 /（kW · h）；________，0.005 元 /（kW · h）。

二、选择题

1．实行分时电价的对象主要是有调荷能力的客户，高峰时间一般规定为每天（　　）。

A．8：00～22：00　　B．8：00～17：00

C．8：00～12：00　　D．1：00～17：00

2．高峰、低谷用电电价比值一般为（　　）。

A．3∶1或2∶1　　B．1∶3

C．1∶2　　D．1∶2或1∶3

3．下列适用于居民生活用电电价的是（　　）。

A．小区内路灯用电　　B．抗旱临时用电

C．商场照明　　D．饲料加工用电

4．下列适用于大工业用电电价的是（　　）。

A．水泵用电

B．以电为原动力且受电变压器容量为 315 kV · A 及以上的工业生产用电

C．饲料加工用电

D．农村防汛用电

5．下列关于抄见电量的计算方法，正确的是（　　）。

A．抄见电量=本期抄表数－上期抄表数

B．抄见电量=（本期抄表数－上期抄表数）× 电压互感器倍率

C．抄见电量=本期抄表数 × 电压互感器倍率 × 电流互感器倍率

D．抄见电量=（本期抄表数－上期抄表数）× 电压互感器倍率 × 电流互感器倍率

6．下列关于线路的损耗电量计算方法，正确的是（　　）。

A．损耗电量=抄见的有功电量

B．损耗电量=抄见的有功电量 × 线损率

C．损耗电量=抄见的无功电量

D．损耗电量=抄见的无功电量 × 线损率

7．下列关于无功铜损电量的计算方法，正确的是（　　）。

A．无功铜损电量=有功铜损电量 × 变压器的无功铜损系数

B．无功铜损电量=抄见的有功电量 × 变压器的铜损率

C．无功铜损电量=抄见的有功电量 × 变压器的无功铜损系数

D．无功铜损电量=有功铜损电量

8．下列关于力调电费的计算方法，正确的是（　　）。

A．力调电费=基本电费＋电量电费

B．力调电费=（基本电费＋电量电费）× 功率因数

C．力调电费=（基本电费＋电量电费）× 功率因数增（减）率

D．力调电费=基本电费 × 功率因数

9．若客户执行峰谷电价，则电量电费正确的计算方法是（　　）。

A．电量电费=尖峰电量 × 尖峰电价＋高峰电量 × 高峰电价＋平段电量 × 平段电价＋低谷电量 × 低谷电价

B．电量电费=（尖峰电量＋高峰电量＋平段电量＋低谷电量）× 平均电价

C．电量电费=尖峰电量 × 尖峰电价＋高峰电量 × 高峰电价＋平段电量 × 平段电价＋低谷电量 × 低谷电价＋基本电费

D．电量电费=（尖峰电量＋高峰电量＋平段电量＋低谷电量＋变损电量）× 容量基本电价

三、判断题

1．抄表人员在填写卡片时宜使用铅笔，以便更改数据。（　　）

2．对抄表时出现的书写错误，应采用划去重写的方法进行更正。（　　）

3．变压器的铜损与负载的大小和性质无关。（　　）

4．当电源电压一定时，铁损基本是个恒定值，而与负载电流大小和性质无关。（　　）

5．退补电量为常规结算电量。（　　）

6. 结算电量就是供电企业对电力用户最终结算电费的电量值。 ( )

四、简答题

1. 什么是单一电价制度？它有何特点？

2. 什么是分时电价，其作用是什么？

3. 什么是手工抄表法？它有何特点？

4. 什么是半自动抄表法？它有何特点？